岭南山林十二月

郝爽 郭业先 陈振明／主编
罗建春 熊琳娜 杨雪／副主编

中国林業出版社
China Forestry Publishing House

图书在版编目（CIP）数据

岭南山林十二月 / 郝爽，郭业先，陈振明主编；罗建春，熊琳娜，杨雪副主编. -- 北京：中国林业出版社，2024.5

ISBN 978-7-5219-2680-4

Ⅰ. ①岭… Ⅱ. ①郝… ②郭… ③陈… ④罗… ⑤熊… ⑥杨… Ⅲ. ①散文集－中国－当代 Ⅳ. ①I267

中国国家版本馆CIP数据核字(2024)第077863号

策划编辑：袁丽莉　肖　静
责任编辑：袁丽莉　肖　静
装帧设计：北京八度出版服务机构

———————————————

出版发行：中国林业出版社
（100009，北京市西城区刘海胡同 7 号，电话 83143577）
电子邮箱：cfphzbs@163.com
网址：www.cfph.net
印刷：河北京平诚乾印刷有限公司
版次：2024 年 5 月第 1 版
印次：2024 年 5 月第 1 次
开本：710mm×1000mm　1/16
印张：7.75
字数：104 千字
定价：58.00 元

《岭南山林十二月》
编写委员会

主　编：郝　爽　郭业先　陈振明

副主编：罗建春　熊琳娜　杨　雪

编　委：张文东　彭耀生　陈少华　黄石明　梁金喜　汪增洲
罗旭委　严伟林　纪业明　冯肇华　李　响

扉页插画：时心怡　詹钧麟

图片供稿（按姓氏拼音排序）：

陈冰心　陈国豪　陈　慧　陈家豪　蔡　漫　傅汤浩
郝　爽　胡　悦　李　响　毛诗蓉　覃　洁　熊琳娜
徐雪玲　肖玉梅　吴雯婷　杨楚姬　杨　妮　杨　雪
张学超　朱彦芃

本书由广东省樟木头林场组织编写

前言

岭南地区位于中国大陆最南端，北回归线从中穿过，属于热带、亚热带海洋性季风性气候，夏季来自海洋的湿润季风让这里高温多雨。分布在广西、广东、湖南、江西四省边界处的越城岭、都庞岭、萌渚岭、骑田岭、大庾岭五座山是岭南地区的北界，冬季自西伯利亚南下的冷空气在五岭面前止步，又给了岭南温暖的冬天。

亚热带的温润气候给了岭南地区丰富的生物种类和富足的自然资源，同时也模糊了春夏秋冬的界限。但当我们开启观察的双眼和感受的心灵，就会发现我们拥有的自然不仅热烈、繁华，也同样不失变化与感动。北方有初春的草长莺飞，岭南有榕树的落叶飘零；北方有仲夏的蛙鼓蝉鸣，岭南有八月的风疾雨骤；北方有金秋的麦浪翻滚，岭南有暮秋的瓜果飘香；北方有寒冬的大雪纷飞，岭南有树冠中洒下的冬日暖阳……不同的气候和地理环境孕育了不同的生命，但所有的生物都有各自的生命节律，它们共同组成了大自然幻化多彩的物候现象。

现代科技武装了人类的生活，电灯模糊了昼夜，暖气和空调模糊了冷暖，但作为自然界一种普通的动物，我们依然无法对抗自然的力量，无法改变四季的轮转。我们不需要像其他动物和植物一样，为了生存不断进化出应对环境的特征和本领，但自然之于人类、四季之于我们，似乎已经不是一种挑战，而是一种需要。我们需要春天的欣欣向荣、夏天的浓墨重彩、秋天的冷静平和、冬天的蓄势待发。自然，给了我们的祖先生存环境和物质基础，也给了我们现代人心灵的慰藉与寄托。

岭南山林十二月的自然之旅，等待你开启。

* “岭南”的地理概念在历史上经历了不断地变化，但总体指位于五岭以南的地区。现在所说的“岭南”主要指广东、广西、海南、香港和澳门。本书所记录的岭南物候现象和特征主要来自东莞、深圳等珠江三角洲地区。

目录

二月

新春——绿阴青子送春忙

深山含笑

炮仗花瀑布

在中国的传统节气里，二月是春天的开始，农历春节也经常落在二月，所以在中国人的印象中，其实二月是代表新生的开始。在长夏无冬的岭南，二月的山野一片青葱，片片绿荫仿佛并不是在迎接春天，而是要送走春天，匆匆入夏；更有林中几色春花已迫不及待地绽放，其中一些还被选为年花，从山野走进屋舍，构成岭南人民翠色中带有缤纷的二月色彩印象。

二月是能让人对岭南长夏无冬的气候特征有深刻认知的时节。从气象记录来看，岭南地区，特别是南部沿海区域，超过一半的年份都不存在气象学意义上的冬天——没有“入冬”，“入春”当然也无从谈起。于是，前一年的秋天和新一年的夏天就实现了无缝衔接。

绿色为主的岭南山林二月山林全景

岭南地区冬春时节自然风物之独特也让从古至今由中原大地而来的人们对这种差异感触颇深。宋朝著名文学家苏轼一路被贬谪至惠州时，他在二月写下“缥蒂缃枝出绛房，绿阴青子送春忙。涓涓泣露紫含笑，焰焰烧空红佛桑”的诗句，对青翠的树木和多样的花朵大为赞叹。对岭南的二月来说，“送春”的确比“迎春”更名副其实。

◎ 绿荫常驻

山野中的高大乔木鹅掌柴

岭南二月山林的翠色来自一众常绿植物的贡献。站在鹅掌柴[①]全年不变的硕大浓绿的掌状叶片下，你很难辨别自己身处哪个季节。鹅掌柴的树冠由很多椭圆形的小叶片组成，其实，每一片长条形叶子只是它的“小叶”，6～9片小叶规律地展开排列成了鹅掌柴完整的“掌状复叶”。这种叶形有很强的识别

野生柑橘

注：①鹅掌柴俗名鸭脚木，在城市中常作绿篱灌木使用，同为鹅掌柴属的鹅掌藤在城市绿化中更为常见。

性和观赏性，并且因为优秀的耐阴“品质”，鹅掌柴经常被种植在城市的高架桥下、背阴的建筑前，是城市绿化中重要的绿篱灌木。见惯了城市中低矮灌木状的鹅掌柴，如果在森林中看到树干像腰一样粗的十几米高的大乔木，你可能并不敢与它相认——其实，作为岭南地区典型的乡土树种，鹅掌柴在野外原生环境中本就是可以长成高大乔木的。

当二月的鹅掌柴刚刚结束花期和果期，其他步调稍慢一点的植株很可能依然处在结果的过程中，在绿叶间不难发现它圆圆的果实，初时呈绿色，成熟后逐渐转为紫黑色。

鹅掌柴果实

二月的木荷树叶一如既往的青翠，一簇簇聚拢生长略显修长的叶子让整棵大树从远处看起来落落大方。仔细看枝叶间的地方，会发现去年的蒴果仍然悬挂其间，已经开裂，宛如一朵朵棕色的小花。高大挺拔的木荷本就是岭南常绿阔叶林的原生优势树种，因为优秀的耐火能力，在林业经营中也有举足轻重的地位。樟木头林场就在森林中使用木荷树阵在山脊线附近构成防火林带，木荷的植株数量也使它在林场各大林区中都是优势树种之一。

有些开裂的木荷果实

刚开始挂果的木荷

木荷防火林

◎ 百花送春

还有一些常绿植物在二月略显忙碌。炮仗花又叫炮仗藤，是岭南地区庭院非常喜欢种植的一种藤本植物。每年春节前后，正是它的盛花期，橙红色的小花筒聚集在一起，从院墙和栏杆垂下，仿佛挂满了一串串鞭炮，为春节的岭南庭院和花园增添了一抹最合时宜的喜庆。

开花的炮仗花

阴香叶子特写

山林中的常见林木阴香也开始酝酿开花结果。阴香的叶子是深绿色的革质叶，三条叶脉从叶柄基部辐射出来，开黄白色小花。椭球形的果实初时呈绿色，成熟后为紫黑色。对植物较为了解的人看到这些形态特征大都会想起另一种树——香樟。没错，阴香属于樟科，形态方面和樟科大哥香樟非常相似，而论起香气来，阴香则更胜一筹。阴香的皮、叶、根都可供提取芳香精油，名为广桂油。

与阴香不起眼的小花不同，深山含笑无论名字还是花朵都更显神秘优雅。花如其名，这抹纯净的白色通常要在山野密林中才能寻得。如果说岭南有什么花朵能和北方的白玉兰比拼纯洁高雅之美，非深山含笑莫属，同样纯白色的硕大花朵，同样盛开在早春时节。只是白玉兰开花时尚未长叶，只见花朵亭亭玉立地立在枝头，而深山含笑的白花被绿叶簇拥其中，更多了几分山野精灵般的灵动。

◎ 迎春花市

北方过年看雪，岭南春节赏花。广东的迎春花市是春节前最热闹的地方。迎春花市上有一股绝不可忽视的“势力”，即被作为果树栽培的岭南本土植物——柑橘。秋冬季的柑橘成熟后是喜人的橙红色。“橘”在岭南方言中与“吉”同音，于是，有人舍弃了对柑橘口味的追求，转而去营销它喜庆的外表。经过多年的人工培育，被称为“年橘”的特殊观赏植物成了岭南花市上的绝对主力。每年二月，遍布岭南大街小巷的年橘，用它黄灿灿、圆滚滚的果实，成为从山野走进人家的乡土植物代表，为岭南春节添上一笔绚烂和吉祥。

岭南年橘

迎春花市上的兰花们

岭南山林中潮湿温暖的环境很适合野生兰花的生长，很多山中都记录到不少兰花种类。二月本就是众多野生兰花的盛花期，各种被栽培的兰花也在此时占据了花市的半壁江山，选择多样的颜色和花型总有一款会入买花人的眼。虽然人工栽培的兰花成为寻常百姓家的年花和日常装点已不是什么新鲜事，但我国野生兰花的生存状态却不容乐观。兰花长在阴暗潮湿的土地上，是一种低矮的草本植物，在缺少法律监管的情况下，采挖兰花几乎没有什么成本和难度。所以，很长的一段时间里，全国各地的兰花都经历了严峻的盗采威胁。为了保护兰花，国家已经将所有野生兰科植物列入了《国家重点保护野生植物名录》，希望这些野生兰花能在大自然的怀抱中自由生长。

竹叶兰

线柱兰

蛇舌兰

吊钟花曾经在广东和香港地区的迎春花市上极为抢手。它是岭南山林中的一种野生灌木，生活在海拔600米以上的山地中。红白相间的花朵形似挂钟，因而得名吊钟花，也叫“铃儿花”。高海拔的生长环境使它难以实现人工栽培，所以，曾经花市上一丛丛吊钟花的繁华背后，是一棵棵被断了后路的残破躯壳，以及被抹去色彩的暗淡山头。在经历人们的疯狂采摘后，吊钟花的数量日渐稀少，最终退出了花市里争奇斗艳的角逐，人们只能在为数不多的山头窥见它的美貌。在中国香港地区，吊钟花已经被列为保护植物。

吊钟花的花朵特写

吊钟花盛放的场景

植物生出美丽的花朵是为了繁衍生息，昆虫采食花蜜可以帮助它们传粉，形成互利共生的关系。而人类却因觊觎它们的美貌，竭泽而渔地毁掉它们。大自然历经千百万年形成的生物多样性和生态平衡，在人类的行为面前脆弱得不堪一击。喜欢它们，就请手下留情，让它们在本就属于自己的地方绽放，让更多人有机会见证它们的美好。

岭南的春天，并不会敏锐地接收到“春江水暖”“草长莺飞”的自然信号，但随着春节花市的繁忙和立春节气的到来，岭南人民也按下了心中“春”的启动键，在春节的短暂休整之后，精神饱满地开启了新的一年。

三月

更替——芳林新叶催陈叶

米老排

广东地区并无明显的冬春之交，但每年的三月，一些常绿树种也会爆发一个集中的落叶期，让人误以为自己来到了深秋时节的北方。然而在短暂的落叶之后，嫩绿的新叶又迫不及待地从枝干生出，这种密集的新老交替让人仿佛在半个月中完成了一次季节的转换。

三月对我国北方而言正是春回大地的时节，新发的嫩绿叶芽和早开的春花是新一年生机的象征。气象学中用低温来定义冬天，而四季温暖的广东并不是年年都能成功“入冬”的——没有冬，何来春？所以，位于北回归线上的岭南地区的三月既没有冰雪融化的体感冲击，也没有万物复苏的欣喜感动。春光仿佛只在舒适的冬天和炎热的夏天之间一闪而过。然而初来广东，三月的某些独特场景也足以让你体会到时空错乱的“惊喜”。

北方典型春景——玉兰

北方典型春景——迎春花

◎ 芳林新叶催陈叶

岭南地区的树木以常绿为主，冬季落叶的种类比较少，比较典型的有朴树、枫香、乌桕、落羽杉。它们和北方的落叶树一样，在二三月间开始抽芽长新叶。三月正是满树新绿之时，除了典型的冬季落叶树，也会有一些常绿树凑热闹，集中发出嫩绿的新叶。在被浓绿的革质叶包围的岭南山林中，这抹新绿让三月短暂的春光更显清新。

从前生活在北方，随着每年九月以后树叶纷纷飘落，身体也感知到了秋意。然而在岭南相同的时间，也许还要开着空调睡觉。但是这份“无边落木萧萧下”的萧瑟，却也不是没有机会得见——当三月的北方正一片欣欣向荣时，广东的榕树、小叶榄仁等常绿树却仿佛感知到了某种神秘的召唤，一夜之间就脱掉了全部叶子；当你正迷失在它们光秃的树干和满地的落叶之时，仿佛又是一夜之间，它

铺满榕树落叶的道路

们已然抽出了嫩绿的新芽，就像人们在换季时整理衣柜一样随意，丝毫不把季节的更替放在眼里。

其实，叶子作为植物的营养器官本身也是有生命周期的，每片叶子都会枯萎脱落。所以，所谓“常绿”并不是叶子从不掉落，只是不会像落叶植物那样步调一致地秋天一声令下就齐刷刷“退休”，而是非常默契地排队“下岗”——老叶次第衰亡，新叶也不断涌现，使得这个树叶更新的过程平缓而隐蔽。而在这个从容有序的队伍中，总是会有一些不那么守规矩的异类，它们的叶子除了在全年中缓慢地更新外，也会在三月上演一场轰轰烈烈的“芳林新叶催陈叶”，而怂恿它们做出这个反应的神秘力量其实是水分。

相比二月，三月岭南的气温其实并没有明显的变化，但是季风在此时带来了南海的暖湿气流，使岭南地区的湿度明显升高。甚至当暖湿气流与西伯利亚南下的冷空气相遇时，还会形成具有广东特色的“回南天”——冷暖交锋，空气湿度接近饱和，水蒸气在瓷砖、镜子和水杯等比较冷的物体表面凝结成水珠，潮湿难耐。人尚且能感受到潮湿，植物自然更加敏锐，当它们感受到了水分的变化，新的叶芽就开始在枝干中躁动，快速挤走并取代了本就时日无多的老叶。

榕树的新老叶交替一气呵成，新叶的鲜绿持续一周左右，就恢复了往常的浓阴。与之相比，毛果杜英的“换装”过程则更为完整而从容。二月底，毛果杜英就开始为为期一到两周的落叶期做准备——纹理明显的大叶子先由深绿色变为鲜红色，再由红色渐渐转褐色，然后掉落。如果没有留意它开始落叶和新叶长出的时间，在光秃秃的十多天里，你可能会误以为它是落叶树种，但与榕树一样，它的新老叶更替也是春季湿度变化使然，与北方典型的落叶树受低温感召而落叶并不相同。毛果杜英这春日限定的一树鲜红也使它成为了三月岭南山林中一道亮丽的风景。

红色并不是即将掉落的老叶专有的颜色，岭南山林中有些植物在三月萌出的幼嫩新叶也偏爱红色。树形优美、香气迷人的香樟（学名樟）就是其中的代表。

树上有红叶的毛果杜英

樟树叶子特写

三月正是香樟长出大量新叶的时间，一簇簇粉红色的新叶聚集，让香樟仿佛染上了一团团浅红的胭脂。值得一提的是，香樟的老叶临近脱落时，也会变成更深的红色，所以，三月的香樟夹杂着老叶的深红、新叶的粉红和嫩绿，还有呼之欲出的白色碎花，这是朴实的香樟在一年中最绚丽的时刻。

◎ 春花始烂漫

岭南山林十二月，月月有花开。纵使全年温度最低的十二月和一月，邂逅植物开花，你也不会发出寒梅傲雪的赞叹。但是春天对植物的召唤也不可小觑。三月开始，温度逐渐回升，湿度明显增加，各色山花敏锐地觉察到这份躁动，次第开放。枝顶朝天怒放的木棉花和树下含苞待放的山茶花与锦绣杜鹃交相辉映，用最显眼的大红色昭告天下春天已来；荔枝、黄皮、杧果（芒果）也纷纷开出了黄

杧果的花序

白色小花，阵阵蜜蜂飞舞暴露了它们的香甜；红花荷、禾雀花、黄花风铃木、宫粉紫荆也都蓄势待发，不肯错过这百花争艳的舞台。

而在这繁华与烂漫中，最不容忽视的应属木棉。木棉厚实的红色花朵在三月的新绿中鹤立鸡群，硕大的花朵绽放在笔直的树干顶端、十数米高的枝头，让人感觉到的不是娇艳动人的花容月貌，而是大气磅礴的英雄气概，所以，木棉也有“英雄树”之称。三月木棉花开的英姿与木棉花掉落选中英雄的传说，一起成为岭南人记忆里关于春季花朵的代表印象。在常绿植物占据主导的岭南地区，这种花朵在枝头独领风骚的机会无疑是稀少的。作为广府文化中心的广州市早在20世纪30年代就曾提出将木棉花定为市花，最终在1982年，木棉花正式被广州市政府评选为广州市的市花。

木棉之所以夺目，除了大而鲜艳的花朵本就吸睛，还要感谢这种植物先花后叶的特点——在新叶尚未萌发之前，花朵独占高高的树冠，任谁也无法忽视它

“高高在上”的美貌。

植物开花是为了吸引昆虫和其他动物来传粉，以完成繁殖的使命。当我们在悠闲地欣赏花朵的美丽时，其实它们正在努力地招蜂引蝶。花丛中畅快飞舞、大快朵颐的昆虫和鸟儿也给早春平添了一份热闹。木棉硕大的花朵和丰沛的花蜜为春天活跃的鸟儿提供了重要的食物，所以在我们抬头欣赏木棉的同时，还经常可以欣赏到正在啄食花蜜的红耳鹎、白头鹎、暗绿绣眼鸟、黑领椋鸟……

木棉花特写

开花的木棉树

木棉花与白头鹎

木棉花与暗绿绣眼鸟

◎ 震蛰虫蛇出

三月的第一个节气是惊蛰。虽然二十四节气是对北方黄河流域物候现象和农耕经验的总结，很多节气的描述与岭南的实际情况并不完全相符，但二十四节气所反映的物候变化的趋势却是基本一致的。惊蛰对应的物候特征是气温回暖、湿度增加、冬眠的动物和蛰伏的虫蛇开始活跃起来，岭南山林中的虫蛇同样遵循这

白唇竹叶青

个规律。虽然岭南终年气候较暖，很多在北方地区冬眠的动物在岭南地区未必冬眠，但三月既至，它们摆脱了冬日的慵懒，日渐活跃是显而易见的。常见的如白唇竹叶青，从三月起人们进山就该小心周围枝叶的绿色中是否有它隐藏。能把白唇竹叶青当作食物的国家二级保护野生动物眼镜王蛇在三月也开始出洞，先用两三个月进行筹备，等到夏日到来的时候，它就要开始繁衍下一代了。随着三月春花的开放、新叶的萌发，昆虫和鸟儿的食物充足了起来，在野外见到它们的机会也越来越多。

如果你整日宅在办公室和家里，也许你会觉得岭南的三月毫无新意，气候的变化微弱到甚至不需要换一批春装，与二月明显的区别只是在“回南天”时要打开家里的除湿机。“万条垂下绿丝绦”“竹外桃花三两枝”“草色遥看近却无”，这些古诗词中的美好似乎也跟你无关。但是，自然界中的动植物却能敏锐地感知温度的每一丝变化，捕捉土壤里增加的每一滴水、花蜜散发的每一缕香。科技的加持让我们的生活越来越容易，但似乎也让我们的感受力日渐退化。

常出来走走，到山林中去。感知岭南四季，记录时节之美。

四月

万紫千红——将璀璨酿成香甜

木油桐

纵使在广东这样夏日漫长、经常“入冬失败”的温暖的亚热带地区，植物最集中的花期也依然是四月。我们对春花的印象是王维诗中的“桃红柳绿”，是朱熹笔下的“万紫千红”，是玉兰的含苞待放，是牡丹的国色天香……总之，春花是绚烂的，是耀眼的。这种印象大概源自中国古典文学对北方和中部地区春天景象的描写。经过数月的阴冷萧瑟之后绽放的花朵，让人心生惊喜，在人们心中留下了直击心灵的璀璨一笔——岭南四月天，既有相同的繁花似锦，也有低调的使命必达，还有岭南人民朴素的博物智慧。

◎ 万紫千红总是春

除了在四月依然热烈的木棉花，在三四月之交，还有另外一种不可忽略的明艳会短暂地存在一周——同样先花后叶的黄花风铃木。这种以观花为主的观赏植物原产于美洲，现在作为园林植物在华南地区的城镇被广泛栽培。它的花朵形状独特，开花时宛如一串串明亮的黄色风铃挂在枝头，是很多公园广场初春之时的一道亮丽风景。然而“开花一时美，花落丑半岁”，花季过后，黄花风铃木在长满树叶的同时会迅速进入果期，枯黄色的长条形荚果歪七扭八、向下开裂，着实连“其貌不扬”都够不上。一串串枯黄的果实坚挺到秋冬落叶的时期，让人几乎忘记它那转瞬即逝的美好。

黄花风铃木花朵特写

黄花风铃木挂果的枝头

台湾相思花特写

除了黄花风铃木，相思三兄弟（大叶相思、马占相思和台湾相思）中“叶子”最为纤细的台湾相思也在四月开出毛茸茸的黄色小花。它们不仅缀满枝头，也很容易飘落铺满树下，让每一棵台湾相思树脚下铺上春日的限定地毯。其实，我们看到的相思的“叶子”并不是真的叶子，而是叶柄。相思的真叶是羽状复叶，只有幼苗时期才可以看见，之后整个生命周期中人们看到的有着3～5条平行脉的镰刀形的“叶”，其实都是变态的叶状柄。因为生长迅速、耐干旱贫瘠，相思树也是岭南地区荒山造林和水土保持的常用植物。

开花的台湾相思树

红花荷

有明黄、有“嫣红”，“姹紫”当然也不会缺席。红花荷也叫红苞木，虽然名字是“红”，但是与大红色的木棉相比，它的花色其实更接近紫色。紫红色的花朵倒挂在层层叠叠的鳞片状苞片里，娇艳又不失可爱。红花荷具有一定的防火特性及涵养水源的作用，在樟木头林场九洞森林公园片区有较多的种植。

四月也是宫粉羊蹄甲和红花羊蹄甲开花的时节。豆科羊蹄甲属植物是广东地区非常具有代表性的观花乔木，其中，最常见的主要有三种，它们在《中国植物志》中的中文名称分别是羊蹄甲、宫粉羊蹄甲、红花羊蹄甲。但这三种植物在包括香港和台湾在内的整个华南地区叫法不一，非常容易混淆。其中，羊蹄甲主要在秋、冬季开花，而红花羊蹄甲和宫粉羊蹄甲主要在春季开花。

红花羊蹄甲在香港地区被叫作“洋紫荆”，正是香港特别行政区区旗上的紫荆花的原型。它是羊蹄甲与宫粉羊蹄甲自然杂交而成的种类，因此很少结果。它的花朵颜色较深，是正宗的紫色。四月，它的花期接近尾声，但依然是这个春天里最美丽的色彩。

宫粉羊蹄甲的俗名很多——宫粉紫荆、羊蹄甲、洋紫荆。它的淡粉色花海是岭南春日里难得的小清新，站在宫粉羊蹄甲林下，感受淡粉色的花朵随风飘落，仿佛误入樱花林，宫粉羊蹄甲也因此被冠以“岭南樱花”的美誉。

宫粉羊蹄甲

红花羊蹄甲

◎ 不雨棠梨满地花

除了这少数种类的“姹紫嫣红”，四月的岭南山林中也不乏更多低调的花朵，或颜色清淡，或花朵小巧，都是岭南山林四月的重要风景。

白花油麻藤有一个更美丽的名字——禾雀花。清明前后，一串串白色花朵仿佛成群结队的雀鸟聚集在一起，是春季岭南山林中不可错过的独特景象。香气袭

开花的禾雀花

开花的木油桐

苦楝的淡紫色小花

人的白兰花也在四月开始绽放花朵，虽没有它的北方亲戚木兰在早春里的醒目，却也用自己独有的香气成为人们心中的白月光。木油桐在枝顶开出众多白色的花朵，在树下观之仿佛团团云朵绽放枝头，清新而美丽，五片洁白的花瓣辐射状展开，簇拥着中间紫红色的丝丝花蕊。岭南山林中常见的壳斗科植物黧蒴锥、红锥，樟科的香樟、润楠、苦楝都在四月开出了黄白色小花。它们的花单体并不起眼，但密集的圆锥花序却给了它们骄傲的底气，让它们同样可以完成招蜂引蝶、传粉繁殖的使命，同时也成为森林中一道婉约的风景。

◎ 蜂采群芳酿蜜房

蜜蜂在采集花蜜时制造的副产品蜂蜜是全人类都无法拒绝的美食。赏花时是眼睛决定了我们对植物的喜好，吃蜜时却是味蕾在支配我们对植物的偏爱——荔枝、龙眼和杧果。这些四月也在盛花期的果树，虽然不能以美貌取胜，但当微风吹过它们圆锥花序上成百上千的小花时，阵阵属于果树的甜香袭来，这属于岭南果林春天的味道让它们在美艳的花朵中脱颖而出。蜜蜂在荔枝树冠和龙眼树冠间上下翻飞，一边采蜜，一边传粉，酿出的荔枝蜜和龙眼蜜也带有各自独特的果香，深得岭南人民的喜爱。

遍布珠江三角洲地区城郊和浅山的荔枝龙眼林是这里的养蜂人和蜜蜂每年迁徙的固定“站点”之一。养蜂人在花蜜短缺的冬季用白糖喂养蜜蜂，待到春暖花

龙眼的花朵特写

蜜蜂飞舞特写

开时把蜜蜂带到食物充足的地方酿造蜂蜜，获得了可观的收入。蜜蜂在春日的果林中获得了持续月余的花蜜大餐，大大促进了蜂群的繁衍。果树也靠着每年如约而至的蜂群完成了传粉的任务。三个月后，人们看到果实缀满枝头的丰收景象。岭南地区的桑基鱼塘、果基鱼塘是非常著名的可持续农业的典范。其实在与自然相处的漫长过程中，岭南人民积累了很多博物智慧。蜜蜂酿蜜的独特本领、养蜂人和蜜蜂的相互依存，在今天仍旧是无法被颠覆的自然规律、无法被取代的和谐关系。

养蜂人展示蜜蜂特写

“万紫千红”的不只是春天，不只是花朵，更是自然界丰富的多样性。

荔枝林中的蜂箱

五月

生生不息——繁衍的漫漫征途

变色树蜥

四月的植物在努力地招蜂引蝶，五月的动物也在为人生大事努力打拼——空气中弥漫着恋爱的味道。噪鹃聒噪的叫声整日不停歇，池鹭换上了漂亮的繁殖羽，变色树蜥也不甘示弱地披上了红色的外套……一些动物还在卖力地吸引异性的注意，另一些动物则已经完成了繁殖的任务。下一代也开始用各种方式刷存在感——白蚁漫天飞舞，猫头鹰宝宝时不时从巢中掉落，荔枝蝽更加快人一步进入了老熟若虫阶段……

◎ 求偶

天气渐暖的五月是众多动物正式进入繁殖季的时节。求偶便是繁殖季的第一道关卡。在动物的世界中，雌性往往具有择偶的主动权，雄性则需要通过“比美”来赢得雌性的关注。因此，繁殖季很多鸟类，尤其是雄鸟，都会长出别具特色的“繁殖羽”。水塘边的常客池鹭和小白鹭便是如此。五月的它们都换上了美丽的繁殖羽。池鹭的繁殖羽仿佛是一件崭新的白色礼服，外面又披上了褐色的短外套，和平时全身黄褐色还有斑点的造型“判若两鹭”。小白鹭则保持一贯雪白的配色，头顶长出的辫羽仿佛一顶仙气满满的头冠，停留时身体周围蓬松的蓑羽则像圣洁的白色婚纱。

小白鹭非繁殖羽

小白鹭繁殖羽

池鹭非繁殖羽

池鹭繁殖羽

不仅鸟类在繁殖季会披上艳丽的繁殖羽，岭南地区常见的爬行动物之一变色树蜥也会在五月变得耀眼起来。平日里的变色树蜥和大多数低调的动物一样，用褐色作为保护色，把自己隐匿在树丛中。而到了五月的繁殖季，雄性变色树蜥从头到胸会变成红色，搭配昂首挺胸的骄傲姿势，别说雌性变色树蜥，就是好奇的人类，也无法不被吸引。

繁殖期的变色树蜥

除了在外形上作文章，鸟类的求偶法宝还有嘹亮的歌声。林鸟中的不少种类便专擅于此。只是鸟类求偶的鸣叫在人类听来未必都是悦耳的声音。想必路边林间常听见的噪鹃一声高过一声的凄厉叫声，是让许多人印象深刻的初夏限定版自然噪声。

噪鹃雌鸟

噪鹃雄鸟

◎ 营巢

和求偶行为同时进行的通常还有动物的营巢行为。在岭南五月的温暖气候中，冬候鸟早已离开，留鸟和夏候鸟大批进入繁殖季，营巢的工作也正式开始。有人以为鸟巢是鸟类的家，它们每天都会在巢中“居住”。其实不然，鸟巢只是鸟类的育儿室，只有在繁殖季鸟类才会筑巢，为鸟蛋和雏鸟提供一个安全的成长环境。不同的鸟类会用不同的材料制作不同形式的鸟巢，其中，比较常见的有树干上的树洞巢、漂浮在水面的浮巢、屋檐下的碗巢等。漫步林间，眼力好的人能发现形形色色的鸟巢。

长尾缝叶莺是华南地区的一种常见留鸟，体形娇小，五月也是它的繁殖季。从名字就可以看出这种鸟的独特本领——它可以把叶子缝起来筑造非常有特色的“叶巢”。长尾缝叶莺由雌鸟负责筑巢——啊，不，是“缝”巢。它们会选择较大的叶片，将叶子对折成基本的筒状，用自己的鸟喙作为针，选择丝状的植物材料

长尾缝叶莺

作为线，将叶子的接口处缝合起来，最后在里面铺上枝叶羽毛等垫材，一个精致而隐蔽的鸟巢就搭建完毕了。

其实用叶子筑巢并非缝叶莺的独门绝技。黄猄蚁是一种常见的热带蚂蚁，生性凶猛，在集体作战的力量下，很多大型昆虫都会成为它们的囊中之物。人类很早就发现并利用了它们的这种“特长”，对受害虫侵扰的植物进行生物防治。黄猄蚁用群体力量建造的大型蚁巢比缝叶莺用一片叶子造的巢要壮观得多。这种由众多叶片包裹形成的巢穴往往被建造在向阳的树冠上，直径可达50厘米，所以，黄猄蚁巢比缝叶莺的叶巢要明显得多。进入五月，你如果抬头望向树冠，会很容易地发现一个大大的“叶包子”。

黄猄蚁巢

◎ 育雏

当有些鸟类还在出尽百宝求得异性青睐的时候，另一些鸟类已经开始育幼了，领角鸮就是其中一员。作为“猫头鹰”家族的猛禽，领角鸮宝宝需要尽快掌握飞翔的技能。每年四五月开始，领角鸮父母就要带着幼鸟开始练习飞行，有时候幼鸟也会在亲鸟离巢时在巢附近的树枝间练习飞行。在这个过程中，涉世未深的幼鸟有掉落或者迷途的风险。一般情况下，掉落的领角鸮宝宝周围会有亲鸟看

领角鸮

林场救助的领角鸮宝宝

护，爸爸妈妈会想办法找回自己的孩子，这时候人们最好不要靠近或者干预领角鸮宝宝，否则还在附近的亲鸟可能会将人类视为威胁而抛弃幼崽直接离开。当天气恶劣、幼鸟受伤或者附近已经无法寻找到亲鸟的时候，才需要人类的登场。

樟木头林场的工作人员就曾在2022年5月收留过居民捡到的约两周大的领角鸮宝宝，在林场和野生动物救护中心的照顾下，领角鸮宝宝健康成长。党的十八大以来，国家把生态文明建设和生态环境保护放到了重要战略位置，把建设美丽中国作为全面建设社会主义现代化强国的重大目标。在这样的时代背景下，国有林场正经历着重大的改革，林场的工作不再是木材出售，而是国土生态安全维护、森林生态文化宣传和林业科技示范。郁郁葱葱的森林对林场来说也不再是变现的资源，而是要保护的对象。因此，这只幸运的领角鸮宝宝才能在人类的帮助下，得以继续健康地成长。

◎ 羽化

昆虫大多寿命短暂，很多种类终其一生只有一个繁殖季。“穿花蛱蝶深深见，点水蜻蜓款款飞。”五月正是很多昆虫开启繁殖季的时间，万千昆虫走向繁殖季的表现也大有不同。

羽化为成虫是变态发育的昆虫踏入繁殖季的标志。对蜻蜓来说，羽化之夜仿佛是一场盛大的成人礼。蜻蜓的幼虫水虿在羽化之前已经在水中度过了数年的时光。羽化时，它们会选择在一个傍晚沿着挺水植物的根茎爬出水面，寻找一处水面上方稳定又有一定隐蔽性的草枝牢牢抓住，然后开始生命中最后一次蜕皮。蜕皮完成后，蜻蜓还会在草枝上原地停留一段时间，让身体特别是翅膀晾干变硬，这期间它们会面临着重重风险——可能羽化失败直接死去，也可能在等待中被天敌捕食。

成功羽化的蜻蜓的第一要务就是繁殖。雄性蜻蜓在交配后很快就会死去，雌性蜻蜓要活得稍久一些，在确保将卵产回水中之后便也死去。这凶猛的空中猎手在生命的最后一个夏天长出翅膀，却不是为了享受搏击长空的喜悦，而是为繁衍生息做艰难的努力。

方带溪蟌

在漫长的生物进化过程中，生存和繁衍几乎构成了除人类以外其他生物的全部使命。当我们看到动物为繁衍而蛰伏漫长的岁月、做出种种努力和面临重重艰险，就会由衷感叹生命的坚韧。每一个生命个体的顽强抗争，使一个物种得以延续，物种之间复杂的关系形成了稳定的生态系统，多样的生态系统造就了地球上的生物多样性……当每个人都学会这样去看待自然，看待每一株植物和每一只动物，这个用了亿万年才形成生机盎然景象的地球，必将延续它的精彩。

六月

岭南佳果——一期一会的盛宴

荔枝

夏季来临，太阳从赤道北移到北回归线附近，白昼变长，黑夜变短，气温逐渐升高，山林里的绿意更加浓郁。一年已近过半，在炙热的夏季里，自然界的生物们都忙着进行“传宗接代”的大事。早在春季便使出浑身解数吸引昆虫传粉的植物们，在六月的盛夏中终于孕育出自己的宝宝，挂满枝头的果实给浓浓的绿意增添了一抹绚丽的色彩，空气中弥漫着香甜的味道。

“五月榴花照眼明，枝间时见子初成”“梅子金黄杏子肥，麦花雪白菜花稀”，描写的是北方及江南地区夏季丰收的景象，岭南地区开始挂果的植物更是丰富：荔枝、龙眼、杨梅、枇杷、芒果、无花果……最具代表性的六月佳果非荔枝莫属。

◎ 不辞长作岭南人

在这个时间、地域的界限都被无限模糊和拉近的今天，想体验到昔日杨贵妃的快乐依然不是一件容易的事情。首先，荔枝的产地非常有限，高品质的荔枝主要集中在珠江三角洲地区；其次，荔枝的果期只有短短一个月，一旦进入七月，荔枝的产量和味道都会断崖式下降；最重要的是，荔枝的保鲜和运输在今天依然是一个难题。“荔枝”之名源于“离支”，寓意不能离开枝条。唐代诗人白居易有云：“若离本枝，一日色变，三日味变……”因此，超强的地域性、时令性和保鲜困难，造就了荔枝在北方同胞心中的金贵神秘。

荔枝果实特写

果期的荔枝林

每逢果期，红彤彤、圆滚滚的荔枝挂满枝头，染红了樟木头林场的荔枝林。荔枝果梗很长，每个荔枝都挂在果梗顶部，似一串串风铃，成了六月岭南山林中耀眼的风景。

荔枝虽美味，却不能多吃。岭南人民素来知道吃多了荔枝会“上火”，甚至苏轼的“日啖荔枝三百颗”一句，也有学者考证可能来自对当地人“一把荔枝三把火”方言发音的误读。很多人都曾在无法拒绝荔枝的美味而狂炫三斤后体验到喉咙肿痛的“上火”症状。

提到荔枝，就不得不提到与荔枝从开花到结果相伴在林中的昆虫——荔枝蝽。荔枝蝽最喜欢生活在荔枝林、龙眼林中，吸食树干上的汁液。荔枝蝽往往从早春开启生命的历程，从春到夏，经过5次蜕皮成长，在盛夏到来之际正式成长

荔枝蝽卵

荔枝蝽幼虫

荔枝蝽成虫

为具有繁殖能力的成虫。整个若虫期，荔枝蝽都有着相对鲜艳的颜色，外表美丽，刚刚孵化出来的若虫灰蓝色中点缀着红橙色，再长大些则红色为底有蓝色花纹，像一块精致的盾牌一般。到了成虫期，荔枝蝽会经历颜值大“跳水”，最后一次蜕皮后，回归到平平无奇的浅褐色。大部分岭南人对荔枝蝽最深刻的印象并不是它多变的外表，而是它令人头痛的独门秘技——当它受到惊吓或者威胁时，会喷出臭液，这种臭液呈明显的酸性，会伤害人的皮肤，如果喷入眼睛等部位则危害更大，所以，大家千万不要在野外轻易触摸荔枝蝽。荔枝蝽及其他的椿象类昆虫，如红蝽，都拥有这个释放臭气的本领，它们也因此被岭南人民叫作“臭屁虫”。

对荔枝龙眼的生长和水果生产而言，荔枝蝽是知名的“害虫”。然而所谓“害虫”，其实不过是从人类中心的视角去看待自然界的生物。其实，所有的动植物都是在为满足自己的生存而获取能量，很多动植物之间还因此形成了友好的互利共生关系。

◎ 热带水果第一弹

北纬23°的北回归线从岭南地区穿过，六月正是太阳直射这里的时节。在这个炎炎夏日开始成熟上市的水果，总散发着浓浓的热带风情，芒果和波罗蜜便是其中的典型代表。

我们所说的“芒果”其实是植物“杧果”的果实。杧果是漆树科杧果属常绿乔木，岭南地区杧果树的花期和果期都与荔枝近似，大多在四月开花、六月结果。不同品种的芒果个体差异很大，小的只有鸡蛋大小，大的能达到上千克的重量，颜色是绿的、黄的、红的都有。未成熟的青色芒果很是酸脆，蘸上辣椒盐便成了岭南的一道特色美食，这种奇特的搭配让很多北方人大开眼界。

挂果的杧果树

波罗蜜是桑科波罗蜜属常绿乔木，它的果实是世界上最大的水果，最大可以长到30千克，被誉为“热带水果皇后”。波罗蜜的果实像菠萝，所以又叫树菠萝。又因为其果实表面粗糙，像牛的蜂窝胃，所以在云南又被叫作牛肚子果。波罗蜜在二三月开花，花期能持续5个月左右，一边开花，一边结果。“老茎生花”是桑科植物的典型特征，所以，波罗蜜的花和果实都生长在树干和大的这种“老茎”上。波罗蜜高大的树形、广阔的树冠、脚下坚实的板根和“老茎生花”的特点，都是它作为热带植物的“身份证明”。波罗蜜的种子富含淀粉，煮熟后也可以食用，口感如同板栗一样软糯。

放眼全国，乃至全球，广东并不是芒果和波罗蜜最主要的产地，但是它们却因为自己宽阔的树冠、良好的遮阴效果、高高的分枝点，成为了两广地区常见的行道树之一。北方人走在广东的街头，可能不由得疑惑“这路边的果子莫不是可以摘回家去？”殊不知，道路旁的芒果和波罗蜜吸收了大量汽车尾气，其实并不适宜食用。而且，近些年不时发生的行道树落果伤人事件，以及掉落的果实造成

挂果的波罗蜜树干

的路面清洁困难，都使得它们正在逐渐退出城市道路绿化植物的队伍。但在岭南的山林中，它们依然是六月不可错过的丰收美景。

六月的广东，杨梅、桃子、枇杷和黄皮也开始收获上市，虽不是岭南最有代表性的水果，但是漫步林中，偶遇这些让人垂涎欲滴的果子，也让日渐炎热的夏天多了一丝清凉之感。

在温暖的岭南地区，水稻一年可以收获三季，所以，“稻花香里说丰年”的盛景在广东也许并不足以引起人民的狂欢，但是六月收获的岭南佳果却是人们年复一年的期待，是这个忙碌的现代社会中难得的一期一会。每年荔枝季，忙碌的顺丰速运取代了古代的“一骑红尘”，把只有在此时此地才能品尝到的人间美味运往全国各地。此时的荔枝，不再是古代帝王阶级奢靡的消费，而是挚爱亲朋之间朴素的挂念。

七月

绿树阴浓——有关生长的主旋律

巴黎翠鳳蝶

画一条全年的温度曲线，北半球的温度波峰应该都落在七月。即便广东的夏天有半年之久，七月也是当之无愧的最热月份。在这个盛夏之巅、半年之交，大部分的动物已经完成了求偶和交配，恢复了低调的保护色；林中各色春花已落，一望无际的浓绿成为了山林的主色调；均匀的蝉鸣让燥热的夜晚变得更加漫长；雨后只闻其声未见其形的“咕呱、咕呱”是花狭口蛙在歌唱；非洲大蜗牛在湿润的七月里肆意地继续着它的入侵征程……

◎ 绿树阴浓

唐代诗人高骈在《山亭夏日》一诗中，用“绿树阴浓夏日长，楼台倒影入池塘”描写了夏日午后塘边的风光。其中“绿树阴浓”一词，正可谓是岭南山林七月整体风貌的精准写照。

在岭南山林中牢牢占据着主导地位的常绿树们，在七月的盛夏时节披上了最浓绿的衣衫。在水岸边次生林中大量生长的壳菜果有着大大的盾形叶片，有些叶子像梧桐一样掌状开裂。高大的身形和大片的树叶使壳菜果林在枝叶鳞次栉比的岭南山林中拥有了少见的疏朗风貌。岭南的很多地方把这种树叫作“米老排”，这个名字来源于壮语。广西壮族自治区是壳菜果的主要原产地之一，从广西到广东，这种美丽的树木沿着西江广泛分布，构成了一道亮丽的森林风景线。

从壳菜果的身上我们可以清晰地发现岭南常绿树木从春到夏的变化：四五月的壳菜果，整体叶色新鲜嫩绿，叶片略显轻薄透光，掌状裂的叶子更是颇有北方枫叶的空灵清透之感。到了七月，山林一片盛夏浓绿，其中必然也少不了壳菜果的贡献，此时的它仍然拥有从盾形到掌状裂的好几种叶片，叶子的颜色却已是深绿色，质地也更为厚重，让阳光不能直接透过，为树下撑起一片盛夏的浓阴。七月的壳菜果也开始了开花结果，在树下仔细观察，也许你就能在层叠的叶片间发现它毛茸茸的肉穗花序和以各种神奇姿势挤在一起的绿色果子。

春季的壳菜果树和树叶（清透感）

壳菜果

夏季的米老排树和树叶（浓绿厚重）

同样在盛夏结果的岭南乡土大树还有乌墨。它往往高达15米及以上，很少有两三米以下的侧枝。这使乌墨能充分展示它笔直的裂纹、匀称的树干，也使得人们很难在树下用肉眼清晰地观察到它的叶子、花、果。乌墨有个别名叫海南蒲桃，但其实海南蒲桃是蒲桃属另一种植物的正名，与乌墨的最大区别是，海南蒲桃是小乔木，高度一般不超过5米。乌墨的花、果、叶的形态在蒲桃属并不算特别——对生的革质叶片主脉明显，有黄白色、毛茸茸的圆锥花序，以及成熟后紫黑色的圆圆果实，这些特点和岭南山林中常见的海南蒲桃、水翁蒲桃都很相似，要想区别大概还得靠乌墨的挺拔身形。

炎热的七月正是乌墨果实成熟的时候，小小的紫黑色浆果果量众多，在果期总有果子不断从树上掉落，常常吸引鸟类前来啄食。

乌墨的花

乌墨属桃金娘科，这个科的植物仅原产于我国的就有数百种，加上引入的种类，那就更是“人丁兴旺”了，可谓是撑起了我国南方森林的半壁江山。遍布岭南山林的知名引种树木——桉树，也属于桃金娘科。柠檬桉是广东很多林区引种的主要桉树树种，以樟木头林场为例，从林场建设之初就开始了柠檬桉的种植和经营。近年来，国有林场的经营模式逐渐由植树用材转向森林生态资源整体保护利用，其中，很重要的一项工作就是林相改造，将桉树林逐步替换为乡土树种。随着林相改造工作的推进，山间人工种植的成片的桉树纯林的数量逐渐下降，长势较好、林龄较大的大径材桉林作为实验对象得以保留，与乡土植物混生的个别桉树也留在了林中。七月的盛夏，这些留下的柠檬桉的净白树干仍然为森林增添了几分色彩，枝叶中散发出的清新柠檬香气在夏日高温的蒸腾下也仿佛更加明显，这种独特的气味是柠檬桉的标志，也是它虽然来自异乡，却曾经成为岭南山林中坚力量的证明。

◎ 新生，从不停歇

在七月的高温中，植物和动物都在低调而贪婪地吸收着天地的能量，快意生长。岭南山林中，既没有秋风扫落叶的萧瑟，亦缺少“春风又绿江南岸”的惊喜——生长，几乎全年都在发生。即便在七月山林浓绿的主色调中，也时有嫩绿和粉红的新叶冒出，带来一丝新生的惊喜。

冠大阴浓的大叶榕除了三月集中脱掉全部叶子外，其他时间里也不时有卷成锈红色小圆锥的新叶直挺挺地立起来；蕨类植物萌发的拳卷叶在阳光下仿佛孙悟空的小紧箍；鹅掌柴还未展开的新叶好像女巫正在施展邪恶魔法的枯瘦手掌；遍布林场的桉树小苗不停地冒着粉嫩的新叶，彰显着自己在这片土地上顽强的生命力。

七月山林里的新叶

◎“干饭”才是硬道理

七月的植物忙着积蓄能量快速地长大，小动物也逐渐完成了繁殖任务，完全变态的昆虫大多已羽化为成虫，不完全变态的昆虫也在努力从若虫成长为成虫——努力“干饭”是壮年的它们在盛夏最重要的使命。

林边种植的观赏花卉是凤蝶喜欢光顾的地方，四季常有花开，盛夏格外繁盛的琴叶珊瑚就十分受凤蝶的青睐，红艳的花朵配上巴黎翠凤蝶的闪耀翅膀，让这幅夏日图景分外美丽。但凤蝶的觅食之旅其实也危机四伏，螳螂早已默默隐藏在凤蝶喜爱的花丛中，只等着伺机而动，一击致命。凤蝶硕大的身形对从小就在猎杀中成长起来的螳螂不会构成丝毫威胁，即使是尚未长成的螳螂若虫也能猎杀体形数倍大于自身的凤蝶。

琴叶珊瑚花上的巴黎翠凤蝶

螳螂若虫正在吃凤蝶

盛夏的绿树浓阴下，林中溪边小径的地面上铺满了各个时期的落叶，在层层叠叠的落叶中，饰纹姬蛙藏身其间。你若安静地靠近它的家园，就能听到落叶堆中传出一阵阵蛙鸣，这和远处溪水的潺潺声构成了一曲夏日山林协奏曲。饰纹姬蛙的个体很小，只有2厘米左右，加之它的体色和落叶、碎石土壤相近，藏身在林中地面上很难被发现，往往只有它跃起的时候，我们才能看到它一闪而过的身影。

除了小型昆虫和两栖动物，岭南山林中也生活着一些大型哺乳动物，野猪就是其中数量最多的一类。作为食性宽广、适应性极强的物种，雨季的山林中有一种美食不时引诱它们下山“造次”，那就是土壤中的蚯蚓。蚯蚓平日生活在地下，但是每当大雨过后，土壤空隙被雨水填满，蚯蚓就会被迫钻出地面透气，那滚圆肥硕的身体对野猪来说是不可错过的美味。因此，在高温多雨的七月，在山林中看到野猪的概率也会增加。

落叶丛中的饰纹姬蛙

不同体形的饰纹姬蛙

如果把一年十二个月比作人的一生，七月无疑是最有力量的壮年。此时的北半球靠近太阳，接收了最多的能量；此时的中国享受着季风带来的水汽，大地被温润地滋养着。岭南山林中的动物和植物也在努力吸收能量，暗暗强壮身躯，为生存和繁衍构建坚实的基础，如同一个个低调沉稳的中年人——你看不到他华丽张扬的外表，却一定能感受到他默默无闻的付出和运筹帷幄的思考。

八月

仲夏风雨——暑气蒸腾的山林万象

蜻蜓

八月或许是岭南气候最为激荡的月份了。南海夏季风达到鼎盛，源源不断地向华南大地输送温暖的水汽。西北太平洋被烈阳晒至滚烫的海面上风起云涌，孕育出一个又一个台风胚胎，轮番向亚欧大陆东南区域发起冲锋。岭南大地上，植物一边享受着阳光和水分的滋润，一边随时准备应对风雨大作……正在开花的莲和海芋用大叶子接满了雨水，足以应对下一段酷热的时光；大榕树茂盛的枝叶撑开了巨大的遮阳伞，没站稳的脚跟却让自己在狂风中摇摇欲坠；蜥蜴、蛇和其他小动物都尽量避免在晴热的时候外出；蛙和螺蛳这些两栖动物占尽地利，在水中肆意畅游……

◎ 台风中的“纸老虎”

盛夏难得的一丝清凉，来自高大乔木的片片浓阴。造就岭南地区夏日浓阴的功臣中，榕树家族功不可没。在很多人眼中，榕树可能是一种特定的植物——茂

细叶榕（小叶榕）叶子特写

印度榕叶子特写

密浓绿的树冠、垂在半空中的气生根、蔓延四周拱破地面的强大树根是很多广东人对榕树最直观的印象，但其实榕树是桑科榕属800多种植物的总称。大叶榕、小叶榕、橡胶榕、菩提榕……这些都是不同种类的榕树。凭借强大的遮阴功能，榕树家族遍布南方城市的街头、广场、公园、山林……岭南地区最常见的本土榕树是细叶榕、雅榕和高山榕。细叶榕和雅榕长得十分相似，经常被统称为小叶榕。高山榕俗名大叶榕，但其实现在广东很多城市可以见到的叶子最大的榕树却不是大叶榕，而是原产于我国云南和东南亚的印度榕，它的叶子不仅更大，而且是肥厚的革质。经过多年的引种，印度榕已经是岭南的常客。

除了浓密的树荫外，相信生活在岭南地区的人们对于榕树贴着地面蔓延甚远的粗壮根系也印象深刻。也许有人会误以为这是榕树根系强大的证明，然而八月的一场台风就足以暴露榕树根系虚弱的真相。台风过后，去城市里转转，也许你还会发现，看似弱不禁风的椰子树依旧婀娜，而“虎背熊腰”的大榕树却已“树仰根翻”。其实，被台风放倒的榕树刚好印证了“树大招风”这个成语：粗壮的树干、广阔的树冠都使榕树的受风面非常大，本身在台风中面临着非常大的挑战。同时，冲破地表的根系并不是强大的证明——榕树的根系喜欢横向生长，并不扎向土壤深处，所以，在强大的台风面前，它的支撑力与深根性的棕榈植物相比明显不足。因为榕树原产于热带雨林，雨林中的土壤养分主要来自表层的枯枝落叶，榕树的根是为了汲取营养才不断进化出了横向生长的特点，这种浅根性是榕树适应热带雨林的表现。然而，你知道吗？靠近赤道的热带地区是没有台风的，只有在北纬5°以外，伴随着地转偏向力的出现，才有了台风，而岭南地区是受夏季台风影响最严重的区域。所以，当人们把榕树种植在亚热带地区的山林和城市中时，它并不知道该如何应对台风这种新的挑战。八月的岭南频遭台风侵袭，大榕树枝繁叶茂的“招风”体质，加上“流于表面”的根系分布，使它每每成为台风中损失最为惨重的群体之一。

◎ 倒木的生机

榕树在台风过后可能会受到重创，但无论是连根拔起，还是“断壁残垣”，城市中都会有人把它处理掉。而深山中的大树若遇台风倒伏，则可能以彼时的姿态成为天地间的一个巨大盆景。也许在人们还没来得及发现一棵大树轰然倒下，或者还没来得及清理掉它已经“死掉”的身躯，它已经换了一种方式来滋养这片山林。一鲸落，万物生，菌类、苔藓和藤本植物爬上倒木的身躯，开始新的生命旅程……就在你以为这只是一棵朽木的时候，你又会在某天惊喜地发现，已经平行于地面的树干上，一根根树枝直指苍穹，向着阳光奋力生长——它“复活”了！只要根系没有完全离开土壤，倒木也会继续向着天空、向着阳光努力地争取任何一丝生存的机会。在岭南山林中行走，经常有机会偶遇这样的倒木：以干作框、以枝作齿，如同梳子一样的姿态横卧在密林之中。在它的面前，你不得不感慨生命的顽强和多姿。

林中的倒木

◎ 逐水而居的小生命

在中国的大部分地区，八月都是一年中降水量最大的一个月，这一点岭南也不例外。水是很多物种生存的重要限制资源之一，岭南山林的八月虽然极端天气较多，但温暖湿润的基调也使很多动物都选择在这个时期完成自己生命中的重要时刻。八月的一场大雨过后，山林中可能会突然出现很多积水小塘，这给了依赖水繁殖的昆虫和小型动物更多的繁殖场所。但这些小水坑其实并不是理想的产卵场所，因为它们很可能在一两天的盛夏暴晒中干涸。所以，当你路过盛夏林间小路的小水坑时，不妨仔细搜寻，总会有小蝌蚪、小青蛙、水虿（蜻蜓幼虫）这样的惊喜发现，而它们也是在水坑干涸前成功孵化的幸运儿。

林间的豆娘

小水坑边的方带溪蟌

八月是华南地区最常见的蛙类之一斑腿泛树蛙繁殖季的中晚期。与众多蛙类直接在水中产卵不同，作为一种树栖的蛙类，要把自己的宝宝产回水里还是需要一点智慧的。它们选择将卵包裹在泡沫状的卵泡里，产在水域上方的植物枝叶上。卵吸收卵泡中的物质慢慢发育，待到即将孵化时，卵泡也接近干涸，小蝌蚪就可以恰好掉进下方的水域中，开始新一代的生命传承。在八月的山林中行走，还经常能看到不同时期的卵泡：有的新鲜饱满，正在孕育新的生命；有的已经完成历史使命，只剩干涸的残体。

斑腿泛树蛙特写

树蛙卵泡

◎ 雨水雕刻的山林之美

丰沛的雨水给山林中的动植物带来了危机，也带来了生机。你若仔细观察，会发现雨水还在林中进行了有趣的艺术创作。当你俯身观察一朵面包般可爱的蘑菇时，可能又惊奇地发现旁边不起眼的小土块竟然也别有洞天：当你代入一只小虫子的视角，你会发现这里有天边巨石、悬崖峭壁、秘密甬道……丰富的层次、复杂的空间，仿佛这就是一个微缩的山寺景观。其实把这个拳头大的土块雕琢得如此复杂入微的，正是雨水。岭南山林的林下植物丰富而茂密，在极高的植被覆盖度下，林中的土壤比较稳定。一般的雨水很难在山林中留下证据，只有在雨季，积累了几个月的雨水让土壤近乎饱和，一场大雨的冲刷就轻松带走已然不堪重负的沙土，在土堆和山坡上雕刻出丰富的纹理。

林中雨水冲刷的痕迹

行走于山林间，你会发现水的力量无处不在。叶脉书签的手工很多人都做过，但你可能没见过，大自然亲手制作的叶脉书签才是最完整、最精美的。一片浓绿的树叶，或飘落在小溪中，被溪边的石头挡住去路，就静静地被溪水浸泡着；或被雨滴打落在人迹罕至的山间石阶上，接受雨水的反复冲刷剥蚀，柔嫩的叶肉慢慢腐烂，被冲走，最终留下了坚韧而完整的叶脉。山林中的叶脉书签总是会带给我们如同化石一般的感动——一片叶子失去了生命的颜色，却用身躯见证了水的温柔，也成为了时间的证据。

山林中自然冲刷出来的叶脉书签

九月

瓜果飘香——南北同享的丰收之乐

柚子

唐代诗人宋之问曾用“桂林风景异，秋似洛阳春”的诗句来感慨岭南和岭北的差异。的确，岭南的九月，暑意还远远没有退去，骄阳与热浪尚未离开，台风也依然常来做客。天气虽没有几分秋意，但属于秋收的喜悦却并不会缺席。九月是岭南橘柚类瓜果的主场，金灿灿、圆滚滚的果实挂在枝头，正好与中秋的月色交相辉映，柑橘类植物特有的香气也为暑热添上了几分清新。山林深处，诸如枫香、含笑和朴树这些大树也纷纷开始结果，相信动物也能获得属于它们“秋收”的喜悦。

◎ 柑橘大家族

与北方一望无际的金色麦浪相比，岭南九月的丰收是低调的，树梢枝头悬挂的点点金黄果实是岭南九月的主旋律。六月的荔枝季之后，沉寂了两个月的岭

树上的柚子

南山林因为柑橘类果实的成熟而又热闹了起来，其中，个头最大的柚子不仅是岭南地区除荔枝外最具代表性的水果，同时，也因为它悠久的栽培历史及在岭南民俗中的重要地位，成为了岭南地区的一个重要文化符号。中秋节，除了统一了五湖四海品味的月饼外，不同地区也用不同的饮食习俗传递着中秋的美好寓意：北方用红彤彤的石榴祈求多子多福；江南用清香的桂花制成佳酿寄托中秋思念；而在岭南地区，这个可以与月饼一同上桌的中秋殊荣则属于柚子。缀于枝间时，柚子淡黄色的果实散发着柔和光芒的样子，正如明月出于云间；而当它被端上中秋家宴的餐桌时，圆润的外形和足够全家人分享的饱满果肉，仿佛天然象征了团圆。

其实，中秋节前后成熟的是蜜柚，它的果肉是粉色的，微酸多汁。而淡黄色果肉、更加清甜的沙田柚则要再晚一个月左右成熟。柚这种植物在广东人生活中的地位可不仅是中秋节的昙花一现，因为有厚实的果皮保护，柚子的果实非常容易存储，室温下放两个月都不成问题，所以，在四季温暖的岭南地区，虽然大家没有在冬天储菜的习惯，但从中秋节开始，直到来年的春天，可能很多人家会存着十个八个柚子过冬。

因为“柚”与保佑的“佑”同音，所以，在盛产柚子的岭南地区，柚子代表了平安吉祥。柚子不仅是中秋餐桌上的贵宾，很多地方还会在过重要节日时给柚子插上蜡烛，放在河里顺流而下以祈求平安。不仅柚子的果实，连柚子的叶子也被广东人民视若珍宝。在电视剧《狂飙》女主角接男主角出狱的场景中，女主角手里拿了一根郁郁葱葱的枝叶，在刚从监狱出来的男主角身上扫过——这其实就取材自广东人民用柚子叶去晦气的传统。但遗憾的是，电视剧中使用的枝叶并不是柚子的。柚子的树叶非常容易识别，一片完整的叶子在靠近叶柄的地方仿佛突然被掐了个腰，分成了上下两段——这种叶子有个学名叫“单身复叶”，靠近叶基的一小段被叶柄中脉分成两半，每边都像一个小翅膀，所以叫“翼叶”。广东人民也会在一些重要的日子用柚子叶子煮水洗澡，来去邪气、晦气，祈求平安。岭南山林中很多疏于打理的柚子树，果实可能并不能卖个好价钱，但果园的主人靠卖柚子叶也可以赚上一笔。

柚子叶特写

在九月成熟的柑橘类水果不只柚子，成熟的柠檬和橘子散发着柑橘精油的清香，让九月的岭南山林更加沁人心脾。柠檬树大概是柑橘类果树中香气最明显的，只是从结果的柠檬树边走过，就能收获一阵清新，摘下一片柠檬叶折断，柠檬的酸爽气息更是扑面而来。其实，不论柚子、橘子还是柠檬，它们果实的香气都来自果皮表面那些突起的油亮亮的小点——油囊，柑橘精油的芳香成分柠檬烯就藏在这些小油囊里。如果把这些小点点戳破，让其中的精油散播到空气中，香气则会更加明显，这就是这些水果被剥皮或切开的时候，香味会更加扑鼻的原因。

树上的柠檬

◎ 热带水果第二弹

六月的荔枝和芒果是岭南热带水果的优秀代表，而在九月，也有另一批热带水果正在成熟——香蕉和阳桃。它们不仅是产自南方的水果，也是九月山林会给人带来惊喜的两种植物。

香蕉开花、结果的时间没有那么固定，随种植时间不同，结果时间也会不同，九月是岭南山间很多香蕉结果的时间。香蕉现在在全国各地都非常容易地被买到，大家对它们的果实非常熟悉，但如果在岭南的山林中偶遇正在开花、结果的香蕉，你可能会惊叹于它奇特的生长方式。香蕉的花在没有开放之前藏在一层紫红色包成水滴状的苞片里面，沉甸甸的一整颗花序好像一枚小炸弹一样从叶间垂下来。每一层苞片包着一圈淡黄色的小花，随着苞片里面的花朵开放，苞片也一层一层展开、脱落。待到花朵一圈一圈成熟，成为一根根青绿色的香蕉，含苞待放的“小地雷”也终于成为一大串半人高的香蕉果序。

正在结果的香蕉树

阳桃的味道比较淡，并不能像荔枝和香蕉那样享誉四海。它最为人熟知的特点是果实五角星的剖面。九月，阳桃尚未进入盛果期，处在花期渐过、果实渐长的过程中。在九月的岭南山林中，不为果实而来，抬头一眼撞见枝头桃红色的小花和手指一般的绿色小果实紧紧地依偎在一起，仿佛是颜料都调不出的高级配色，是设计师都想不到的时髦耳环。花期末尾，花朵一片片坠落树下，在地面铺就一层桃红色的薄毯，不曾想是寡淡味道的阳桃可以拥有的浓重和浪漫。

阳桃小果与花特写

一篇文章不足以记录岭南初秋丰富多样的果实。木瓜、波罗蜜、薜荔（凉粉果）、嘉宝果、百香果、余甘子……这些地域特色鲜明的水果也陆续成熟，它们

落花与初结果的阳桃树

因着各自或奇特的生长方式，或百搭的口味，或强大的功效，获得了成为网红水果的机会；木油桐、木荷、苹婆、桃金娘、九节……这些岭南山林常见的植物也纷纷结出了不起眼的小果子。从现在起，行走山林，就多了一项有趣的活动——捡拾果子，收藏秋天。

九月的岭南依然暑热难耐，仿佛沾不到秋的一点边。可是菜市场的时令瓜果提醒着你，中秋到了，要去和家人团聚；山林中的各色野果和欢快觅食的鸟儿在和你说，丰收的季节来了，快快奖励一下上半年努力的自己。

果实成熟的波罗蜜

十月

秋日序曲——长风万里『迎』秋雁

北红尾鸲

十月，地球与太阳渐行渐远，岭南地区也迎来了气温的下降；季风掉转方向从大陆吹向海洋，带走了多余的水汽和闷热。于是，在经历了炎夏酷暑之后，岭南地区终于隐约感受到了一丝微凉的秋意。这份干燥凉爽既是岭南人民翘首以盼的秋的味道，也是很多微小生命走到尽头的尾声。秋日依然盛放的山花延续着岭南四季常绿的神话，同时也为昆虫提供了蛰伏前最后的盛宴。山林里郁郁葱葱的绿树红果、海岸滩涂上熙熙攘攘的鱼虾蟹蚌，是南下的候鸟在经历了漫长和艰辛的飞行之后看到的希望。

◎ 秋日蝶恋花

蝴蝶在春夏的岭南山林中很常见，但最密集的可以看到蝴蝶的季节仍然是温暖的春天和夏天。十月底，早晚的岭南山林已然开始出现秋凉之意，此时很多昆虫已经不再活跃，很多蝴蝶也开始化蛹准备越冬。但是每年这个时节，行走在山间小路，也许你会被一群迎着太阳翩翩起舞的报喜斑粉蝶惊叹到——这是一种在岭南地区非常常见的蝴蝶，它们会在天气转冷后的秋冬季节羽化，并且因为它们非常喜欢“抱团”，会在相邻的地方产卵，所以经常会见到一群报喜斑粉蝶集中羽化的盛况。不过，如果是在气温比较低的早晨，你可能会发现周围有很多这种红黄斑纹的蝴蝶，似乎不是很有活力，哪怕用手去抓，它们可能都不会飞走。别误会，不是因为寒冬到来，它们的生命快要走到尽头，恰恰相反，它们可能只是刚刚在寒冷的夜里破茧成蝶，还在适应外面的世界，待到中午温度升高，它们就开始了欢快的觅食之旅。

报喜斑粉蝶的成虫靠虹吸式的口器吸食花蜜。十月底岭南山林中仍有很多处在花期的植物，并不会饿着报喜斑粉蝶。作为报喜斑粉蝶重要的寄主植物，广寄生的花和叶分别为不同生命阶段的报喜斑粉蝶提供了食物。广寄生是一种攀爬能力非凡的藤本植物，生长过于茂密的广寄生可以导致被攀附的树木营养不良甚至死亡，虽然是不折不扣的本土物种，但对另一些本土物种造成的威胁却也不亚于入侵物种。而报喜斑粉蝶却能吃定这种“不厚道”的植物。蝴蝶幼虫的食性往

报喜斑粉蝶进食

往比较专一，一般只吃一种或者相近的几种植物，所以，蝴蝶妈妈会把卵产在固定的寄主植物上。广寄生正是报喜斑粉蝶幼虫最中意的食物之一，报喜斑粉蝶妈妈会将卵密集地产在广寄生叶子背后，多的时候一片叶子会有几十颗蝶卵藏身其后。等到毛毛虫宝宝孵化后，广寄生叶子就是它们最好的食物，聚集生长的报喜斑粉蝶的毛毛虫常常能很快就将叶子吃干抹净。广寄生寄生于高大乔木，报喜斑粉蝶寄生于广寄生，“螳螂捕蝉，黄雀在后”的食物链故事跨越了动植物间的界限，恰到好处地维持了生态系统中一处微妙的平衡。

鹅掌柴，也叫鸭脚木，花期正是从十月底开始，持续到次年1月。鹅掌柴的花蜜量大且浓度高，是重要的蜜源植物，广东人喜爱的鸭脚蜜就来自于鹅掌柴。因为可以提供大量优质的花蜜，鹅掌柴也成了众多山花中最得报喜斑粉蝶青睐的食物之一。在十月和十一月，除了广寄生丛中经常可以见到鹅掌柴枝头的黄白色小花间停留着正在大快朵颐的报喜斑粉蝶，上演一出秋日的蝶恋花。

开花的鹅掌柴

◎ 蛰伏的准备

蛛网上的斑络新妇蛛

到了十月，岭南的气温比之盛夏终于开始了实质性的下降，人们见缝插针地穿起秋装，很多动物也要开始为秋冬的生活做准备了。七八月的山中树丛间随处可见的直径能达到1米以上的巨大蛛网已经大量减少。它们的主人——岭南最为常见的大型蜘蛛斑络新妇雌蛛，在秋风渐起的时节已经开始走到生命的尾声。斑络新妇是世界上体形最大的结网蜘蛛之一，同时也是雌雄体形差距最大的物种之一。每年的盛夏时节，体长超过5厘米、腿长超过15厘米的斑络新妇雌蛛会在岭南的山林中结出一张张巨大的蛛网，捕食各类昆虫，甚至较小的鸟类和

感染真菌白化死亡的斑络新妇

蛇类。相信绝大部分常在岭南山林中行走的人都曾受到过扑面而来的大蜘蛛的惊吓。斑络新妇在夏季最盛，此时在蛛网边角往往能看到一只或者几只体积大约只有指甲盖大小的红色小蜘蛛，这就是斑络新妇雌蛛的小“丈夫”了。它们要抓紧在夏季完成交配，交配后雄蛛会被雌蛛吃掉或者较快死亡，而雌蛛则会先产卵而后也慢慢开始凋亡。

在秋意渐至的岭南山林中，还可能捡到动物在冬季蛰伏前弃置的残破“屋舍”，比如马蜂的弃巢。马蜂与蜜蜂的营巢居住方式有较大的差异，通常以一年为单位经历从独居到群居的过程。每年秋后，未受精的工蜂和交配后的雄蜂都会渐次死去，成功交配的雌蜂则会飞出原巢成为新的后蜂，寻找树洞、草垛等温暖避风的地方抱团取暖，度过寒冬。来年春季天气回暖后，这些新后蜂会各自寻找新的地方独自营巢、产卵，其中，雌性后代成为工蜂，负责筑巢和育幼。随着产卵数量增加，工蜂越来越多，蜂巢也会越来越大。等到秋后气温下降，新一轮的循环又将开启。所以，在马蜂广泛生活的地方，在秋冬季节的山林草地之间，总有机会发现残破的废弃马蜂巢，有心人又能在此时收获特别的自然收藏。

废弃的马蜂巢

◎ 迁徙的征途

以候鸟为代表的一些动物每年都会随季节的变化跋涉迁徙，十月的岭南地区就像繁忙的交通枢纽一样，迎来送往着脚步匆忙的迁徙者们。对于来自渤海湾方向大批鸟类而言，行至这里，它们在珠江口的越冬地已经近在眼前，在十月飞抵岭南，算得上是迁徙大部队中的先行者。

岭南是全国最温暖的地区，所以在大家心目中，这里仿佛是所有候鸟南飞过冬的终点。然而事实并非如此，南方除了在冬天接待北方的候鸟来过冬，在春夏之季也会有来自更加炎热的东南亚地区来避暑和繁殖的候鸟。一种候鸟，在它的越冬地被称为“冬候鸟”，当它春夏飞回繁殖地时，则成为那里的“夏候鸟”。在岭南地区，我们最熟悉的是黑脸琵鹭、红嘴鸥、黑翅长脚鹬等冬候鸟，十月，正是它们成群结队飞来的时候，滩涂上因此多了很多为一睹它们芳容而来的观鸟者；而对家燕、红翅凤头鹃、白额燕鸥这些南方的夏候鸟而言，它们的迁徙之路才刚刚开始，它们要离开这里，远跨重洋飞往更加温暖的东南亚去过冬。

滩涂上的水鸟群

和体形庞大同时动辄千百只集群迁徙的鸻鹬类和雁鸭类水鸟相比，把岭南山林作为迁徙终点的小林鸟们显得并不那么引人注目。但对长期在山林中寻找、观察鸟类的爱好者而言，与这些毛色各异、歌喉动听的小鸟年复一年的自然约会也仍然令人激动不已。北红尾鸲是岭南山林常见的冬候鸟，雌雄两性的长相差别较大。其中，雄性头顶灰白色、背部灰黑色、腹部橙棕色的强烈对比具有相当高的识别度，因此，它也成为了鸟类摄影作品中的常客。

北红尾鸲（左雄右雌）

迁徙并非是鸟类的特权，少数种类的斑蝶也有迁徙过冬的行为。羽化后的蝴蝶成虫很难适应低温，一般温度低于15摄氏度时就已经无法正常飞行，所以大部分的蝴蝶是以卵、蛹或幼虫的形态来度过严严寒冬的，然而斑蝶中却存在着一群不畏辛劳、跨越山海寻找温暖地带越冬的种类，目前已知具有迁徙行为的斑蝶有黑脉金斑蝶、君主斑蝶、大绢斑蝶、蓝点紫斑蝶等，其中，蓝点紫斑蝶时有出现在岭南的冬天。人迹罕至、平静温暖的山谷成了它们最青睐的环境，香港、广东的一些海岛和海南岛都有发现过成千上万只斑蝶群聚越冬的“蝴蝶谷”。

迁徙是动物为躲避寒冷、寻找更适合的栖息地的一种非常艰辛的方式。为了完成迁徙，一只纤弱的鸟儿可以连续飞行十数天，动辄飞行几千甚至上万千米。

聚集的蓝点紫斑蝶

蓝点紫斑蝶特写

迁徙距离最远的候鸟北极燕鸥夏季在北极圈内繁殖，冬季则绕地球半圈飞往南极越冬，每年绕地球一周，行程数万千米。科技的发展让人类可以随意突破距离和温度的限制，然而，地球上的其他生物依然在遵循着大自然的节律和生物进化的节奏，年复一年地重复着祖辈的习性和轨迹。人类用1万年的时间走完了地球45亿年都不曾想象的旅程，然而只有当这份“荣光”与蝴蝶安稳地过冬、候鸟自由地翱翔同时存在时，人类在地球历史上享有的这一瞬间才值得被歌颂。

十一月

万里霜天——磊磊落落秋果垂

红耳鹎

属于十一月的节气是立冬和小雪，这仿佛昭示着十一月应该是一个属于冬天的时节，然而岭南的十一月往往才刚刚吹响入秋的号角。这号角是秋高气爽、白云悠悠，是马尾松层叠针叶间躲藏着可爱球果，是红耳鹎在树梢翻飞啄食新鲜的樟树果实，是木荷和野牡丹蒴果新结时刻准备将种子自由地弹向大地……人们自然也不会错过这一年中气候最为舒适的时节，山林漫游、草坪欢聚，阵阵清凉的秋风将人们的欢笑声送入了自然深处……

◎ 凌乱的季节

北方有句话叫“二八月，乱穿衣”，形容的是在两季之交、天气变化的时候，人们的穿着也在气候转换中千差万别，穿着羽绒服的老奶奶可能一转头看到了穿着短袖的小伙子。在十一月的岭南山林中，你也有机会感受这种季节之交的凌乱——壳斗科的可爱果实掉落在落叶丛中，阳光洒下，是秋的温暖；美丽的异木棉和羊蹄甲繁盛的花朵在湛蓝的天空下闪闪夺目，又仿佛盛夏的灿烂；大叶榄仁的老叶变红了正摇摇欲坠，小叶红叶藤鲜红娇嫩的新叶却在呼之欲出；微凉的清晨中报喜斑粉蝶行动迟缓，并非寒冬将至、生命将逝，而是羽化新生后的短暂蛰伏……

羊蹄甲

美丽异木棉

野牡丹是岭南山林中非常常见、也比较容易识别的一种灌木。野牡丹的卵形叶片比大部分深绿色革质叶片的颜色略浅，并且上面有粗糙的伏毛，而最明显的当属从基部伸出的5条深深的叶脉。十一月正午暖人的阳光下，一棵印度野牡丹上开着优雅的紫色花朵，结着小坛子一样的蒴果，嫩黄的新叶还在生长，一旁的老叶已经变红、干枯。四季的光影、生命的进程都浓缩在这一株小小的植物里，大概只有在十一月的岭南才得见。

野牡丹花、叶、果同在

◎ 磊磊落落秋果垂

十月以后，山林中的很多植物陆续开始了结果和繁殖的旅程。秋天干燥的空气中最常见到的是干燥开裂的蒴果、藏在壳斗中的坚果、小巧隐蔽的核果，与荔枝、杨梅、芒果等饱满多汁、让人垂涎欲滴的盛夏果实相比，秋天的果实似乎有些暗淡。但因为低调而无人问津的它们自然成熟、掉落时，在深秋的落叶丛中寻找果子、捡拾秋天，则成为了大自然给我们的另一种乐趣。

蒴果是一种果皮干燥后会开裂、种子从中散播出来的果实。有些会在果实顶端裂开一个或几个小口；有些会从中间裂开一条横缝，像给果实盖了个盖子；而最常见的开裂方式是沿着果实的结构均匀地纵向开裂，形成几片好似花瓣的裂片。大叶紫薇、红花荷、木荷的果实都是蒴果，此时都已干燥开裂，变成一朵绽放在枝头的棕色木质花朵。

大叶紫薇蒴果

颜色开始变化的枫香叶子

秋天的红叶家族中，大家最耳熟能详的大概就是“枫叶”。但这个枫叶在北方或者长江流域，主要指的是无患子科槭属植物，比如三角枫、五角枫、鸡爪槭等。在岭南地区，也有一种类似的在秋冬季节会变红，并且叶子也会三裂或五裂，甚至名字中也有一个“枫”字的植物——枫香树。但此“枫叶”非彼“枫叶”，枫香树是蕈树科枫香树属的植物。虽然都可以被称为“枫叶”，但枫香树与槭树属植物在叶形、叶子质地和树姿上都有很大的差别。除此之外，它们的果实也非常明确地告诉世人：我们不一样。槭树属植物的果实是带有翅膀、靠风传播的翅果，而枫香树的果实是藏在球状果序轴中的蒴果。因此，枫香树的果实挂在枝头时看起来是一个个毛刺球，待藏在里面的蒴果逐渐成熟，果序球也整个变黄、变干、脱落。在十一月的岭南山林，已经可以看到枫香树周围散落的干燥毛球，贴上两只眼睛仿佛就变成了《千与千寻》中的小煤球。这个毛球还有一个中药名字——路路通。

但十一月悬挂在枝头的“毛刺球”却不一定就是枫香树的果实，很多壳斗科植物的果实也有这样的刺果。所谓“壳斗”，其实是植物的数枚苞片聚合在一起，把果实和种子包在里面而形成的特殊器官。有些壳斗外面密布长长的尖刺，比如板栗，远观和枫香树的果实有些相似，但其实壳斗的刺要尖利得多；有些壳斗有一圈圈的环状凸起，比如苦槠和米槠；有些壳斗像一个小碗拖住上面圆圆的坚果，比如青冈……虽然穿的“衣服”各具特色，但壳斗科果实圆滚滚的体形却深得艺术家的钟爱，经常成为插画形象的原型。在插画师的笔下，小圆球们成了一个个可爱的壳斗宝宝。在儿童绘本《壳斗村的警察先生》中，壳斗植物的果实化身高矮胖瘦、男女老少各不相同的人，上演了一出有趣又温情的励志故事。

秋天正是这些壳斗宝宝成熟、开裂、脱落的季节。在广东地区的山林中，最常见的壳斗科植物主要是红锥和黧蒴，偶尔也会见到苦槠、米槠和青冈。十一月的山林深处，无论是一串串垂在树梢间的红锥的刺果，还是贴着枝条生长的饱满的米槠球果，都在深秋暖阳中传递着丰收的信号。不知在这壳斗林中，有多少松鼠正喜悦而忙碌地收集着过冬的粮食。

结果的红锥

结果的米槠

◎ 猖狂的入侵者

相比于春天的繁花似锦和夏天的茁壮生长，十一月已是岭南的深秋时节，雨水变少、空气干燥，花的烂漫和叶的浓阴都已不再是主角。落叶树种在此时已经开始袒露枝条，很多常绿植物也会在湿度的影响下出现相对比较集中的换叶期。大部分植物都处在长势相对较弱的时间段里，有一类生物旺盛的生命力就更加得以彰显——微甘菊是广东地区最常见也最难清理的入侵物种，原产自南美洲和中美洲，现在已经广泛分布在全球七十多个国家和地区，自1984年出现在深圳以来，至今已经遍布珠江三角洲地区。十一月正值微甘菊的花期，在秋冬枝叶不那么繁茂的林缘地带，竟满眼都是被微甘菊缠绕包裹的树体。作为一种攀缘藤蔓植物，只要阳光照到的地方，微甘菊就靠着超强的繁殖力快速地爬满了一棵又一棵植物，压得灌木无法生长，扰得乔木无法进行光合作

开花的微甘菊

被微甘菊覆盖的树木

用。最终，靠着它们看似清新可爱、人畜无害的朵朵小白花，绞杀掉了一片片质朴的山林。

其实，微甘菊并不是无往不利的，它主要侵害的对象就是植物多样性相对较低的次生林和人工林。在多样性极高的原生群落中，因为群落层次丰富、植被覆盖度高，喜光的微甘菊往往无法找到适合自己的舞台，所以难以形成大规模的入侵趋势。

在千百万年的演化中，每种生物都找到了各自的生态位，每一种生态系统也都形成各自的平衡与稳态。人类的活动、物种的入侵也许正在打破这种平衡，也许地球正在经历着一场生态灾难。然而，对于有着45亿年历史的地球来说，现在的一切“失衡”“灾难”都不过是须臾之间——需要承担这些“后果”的，是人类。我们对自然的每一点呵护，对生命的每一分尊重，对地球的每一分敬畏，其实都是在完成自我的救赎。

十二月

斑斓暖冬——白云红叶两悠悠

落羽杉

十二月作为一年的最后一个月，给人的印象往往是隆冬时节的寒冷萧瑟，而岭南的十二月却是色彩缤纷的。近水的地方，挺拔的落羽杉换上了红褐色的衣衫，映着日渐早至的落日云霞。林间路旁，乌桕的叶子由绿色转为黄色再转为鲜红色，心形的红叶片片飘落，这是岭南冬季山林的独特浪漫。似乎每个地方的秋冬山林都要有一种“红枫”作为色彩担当，那岭南山林中的这一角色，枫香树应该是当仁不让的。

◎ 关于色彩的小魔术

当秋季来临温度降低时，植物体内的叶绿素开始加速分解，新的叶绿素的合成却在减缓；呈现黄色系的叶黄素的特性相对稳定，在秋冬季依然维持着一定的含量；呈现蓝紫色系的花青素则随着温度降低而加速合成。因此，夏天隐藏在旺盛的叶绿素背后的叶黄素和花青素依次显现出来，红叶、黄叶遍布山林……于

大花紫薇红叶

杜英红叶

是，山林的秋天往往成为了一年中最缤纷灿烂的季节。

在不同纬度、不同地区，出现红叶和黄叶的时间并不相同，在温暖的岭南地区，大概要到十二月才能等到这份璀璨。但即便到了十二月，由于岭南地区的温度依然较高，彩叶并不如北方的壮观。但也正因如此，每年冬季的彩叶植物才更加成为岭南冬季山林中的惊喜。

在每年十一月，城市中常见的大花紫薇、小叶紫薇、杜英就早早地开始变色了，向人们发出了最早的入冬信号。随着叶绿素的减少，小叶紫薇体内的叶黄素逐渐显露，叶片开始变成斑驳的黄绿色；温度进一步降低，花青素含量不断增加，黄色的叶片又逐渐变成红色、黄色混合而来的橙红色；直到最后，花青素在叶片色素含量中占据绝对优势，小叶紫薇蜕变成了彻底的红叶（由于叶片的个体差异，也有一些叶子会直接从绿色变为红色）。所以每年冬季，岭南人民不仅可以在小叶紫薇身上看到叶片的色彩斑斓，还可以通过它颜色的变化来推断叶子的新旧。冬天来了，不妨带着孩子捡拾一批小叶紫薇的落叶，来玩“给叶子排序”的游戏。

小叶紫薇“叶子排序”

楝树、土蜜树、柿树、楝叶吴萸、木油桐的黄叶也是冬季岭南山林中一抹难得的明艳；水岸边层层排列的红色落羽杉更是岭南冬季最接近“层林尽染”的浪漫；蕈树科枫香树掌裂状的红叶也满足了岭南人民对“枫叶”的想象。而在岭南的山林中，最吸睛的彩叶树则是乌桕和山乌桕纤弱的红叶。乌桕和山乌桕的姿态有相似之处，但乌桕的体形更大，高度可以达到15米，而岭南山林中常见的山

叶子快要落光的木油桐

叶子颜色渐黄的木油桐

部分叶子变红的乌桕

叶子变红的山乌桕

乌桕往往更加小巧，鲜有10米以上的大树；并且乌桕的叶片饱满，整体接近圆形，叶子前端紧缩成锐利的尖头，好似心形，而山乌桕的叶子则是瘦长的椭圆形。但与岭南常见的浓绿色革质叶片相比，乌桕和山乌桕的叶片质地都是更加轻薄的纸质，悬挂在长而柔软的叶柄下更显轻盈灵动。

大部分植物的彩叶都是生命最后的绚烂，在“绽放”出明媚的色彩之后，也将迎来生命的终结。然而在“零落成泥碾作尘”之前，它们飘落的姿态宛若冬日林中舞动的精灵。沿着珠江河道漫步，一阵秋风拂过，岸边的落羽杉突然洒下一片片羽毛般的落叶。淋着“落叶雨”的那一刻，仿佛感受到了岭南冬季独有的温柔。朴树、楝树、乌桕、柿树、枫香、山乌桕和木油桐也都在冬季到来时，次第脱去了自己一身的苍翠，裸露的枝干中透出的蓝天和暖阳，给了一年到头郁郁葱葱的岭南山林一丝难得的喘息。

落羽杉特写

落羽杉林

◎ 冬日果实的欣喜

在十一月的山林被颜色暗淡的木质蒴果和壳斗占据优势之后，十二月，山林中的果实似乎又收获了新一波的色彩。在树丛间细细扒拉，会发现假鹰爪和九节这类平日里低调的小植物也结出了红的、黄的圆圆的小核果，就连经常出现在绿化带里的鹅掌藤也在冬季结出了橘黄色的小圆果子。一颗颗彩色的小果子聚集成簇，从茂密的绿叶丛中生出，是冬日里难得的惊喜。除了这些可爱的小果子，十二月的岭南山林和城市中，最让人无法忽略的果实是铁冬青满树的红色核果。作为岭南地区的乡土物种，铁冬青不仅在山林中非常常见，在城市绿化中也经常有它的身影。十二月临近新年，一棵棵高大的乔木上挂满了红色的果实，为整个岭南地区都平添了一份节日的喜庆。

九节的未成熟核果

九节的成熟核果

结果的鹅掌藤

结果的铁冬青

柿子、桑葚虽都不是典型的岭南水果，但岭南人民也时而可以见到大部分已经掉落而只剩零星垂挂在枝头的滚圆的柿子，或是刚刚结出来的还透着粉红而没有完全转黑的桑葚。桑树、柿树都是中国特有的植物，且分布范围甚广。即食的新鲜柿子、陕西甜腻的柿饼、东北冰爽的冻柿子、桑叶和蚕宝宝的缠绵、让人唇齿皆黑的神奇水果桑葚……几乎每个中国人的童年都会或多或少出现这些和柿、桑相关的记忆。可以说它们都是拉通中国南北方文化的重要植物，不仅与每个中国人的生活息息相关，也经常出现在古今文学作品中。近代诗人丘逢甲的“林枫欲老柿将熟，秋在万山深处红”、宋代词人欧阳修的“黄栗留鸣桑葚美，紫樱桃熟麦风凉”分别描写了柿树和桑树所代表的季节与物候特征。

◎ 冬天的鸟类朋友

看起来柔弱呆萌的鸟儿，其实个个都是身怀绝技的高手。尤其是飞跃崇山峻岭不远万里来南方过冬的候鸟。迁徙是候鸟过冬的方式，而一直生活在南方山林中的留鸟，虽然无须应对严寒，但在气温降低的冬天，它们也有自己的御寒手段——“变胖”。当然它们的变胖不是增肥长肉，而是通过让羽毛变得蓬松来保暖，靠实力“长”出了一身名副其实的“羽绒服”。

在寒冷的冬季，除了保暖外，鸟儿面临的另一大挑战是觅食。当然物产丰富的岭南山林并不会让它们太难过。算盘子扁扁的蒴果上有一条条的纵楞，看起来像一串串绿色的小南瓜，而待它成熟后，又带着一点粉红色，看起来分外可口。其实它没有饱满的果肉，并不好吃，但在物资匮乏的年代也曾被人们当作野菜食用。虽然算盘子并不是人类中意的盘中餐，但对冬天的鸟儿来说，依然是不可多得的美食。

冬季羽毛蓬松的白喉红臀鹎

算盘子果实

除了算盘子，山林中的鸟儿的冬季菜单中还有一道很重要的菜色是桃金娘的浆果。桃金娘的浆果呈水缸状，初结时是绿色，成熟之后会转为紫黑色，里面含有丰富的紫色汁水，是众多鸟类的最爱。每年秋季果熟的季节，常可以看到鸟儿在桃金娘小树旁边翻飞争相啄食的场面。桃金娘果实也是岭南人民素来喜爱的野果，俗称山捻子，口味清甜软糯，只是多食会将口唇染成紫黑色，还有便秘的风险。樟科的樟树、豺皮樟等树木也在秋冬季节结出球状的紫黑色小果实，同样是

白头鹎啄食果子

豺皮樟的果实

众多鸟类青睐采食的对象。

岭南，从来与“贫瘠”无关，不说欣欣向荣的早春、绿树浓阴的盛夏，即便是“寒冬腊月”的年尾，北回归线从中穿过的岭南地区依然被色彩斑斓的叶子和形形色色的果实所眷顾着，人类依然有叽叽喳喳的林鸟、成群飞舞的报喜斑粉蝶等动物朋友做伴。

成群的报喜斑粉蝶

热闹的林鸟

一月

冬日暖阳——不同桃李混芳尘

红花油茶

一月的北方，一片寒冬萧瑟的景象，岭南地区的山林却可以维持生机与绿意。但与其他时节相比，一月的广东依然是安静的，昆虫、蜥蜴和青蛙等各种动物都已冬眠或蛰伏，为数不多的落叶乔木也显现出了光秃秃的枝干。但总有一些植物，如北方的傲雪寒梅一般，要在这清冷的一月展现最美的身姿……

◎ 落叶里的冬日暖阳

岭南地区总是给人一种四季常绿的印象，当北方寒风呼啸、白雪皑皑的时候，岭南地区的满眼苍翠会让北方人眼前一亮，似乎心中的灰霾都被这绿色洗掉。但其实在常绿树占据绝对主导地位的岭南山林中，却是为数不多的落叶树给了岭南人民一丝喘息的机会——突然映入眼帘的光秃秃的树干让岭南人民也终于感受到了一丝“冬”的味道。

光秃秃的木油桐树冠

正在落叶期的乌桕

三月的木棉花之所以热烈，是因为绿叶尚且隐藏在枝芽里，没有与红花争艳。木棉是岭南地区非常重要的一种植物，无论是它的园林普及程度、习俗中的功用，还是它的文学价值，都让人无法忽略其在岭南人心中的地位。但不知你留意过没有，它竟然不是岭南典型的常绿树，而是在冬天会掉光叶子的落叶树，并且在三月木棉花开之时，它的新叶也尚未发出，这才给了热烈的木棉花独享众人关注与礼赞的机会。

与木棉相似的落叶树还有高大的朴树、乌桕、枫香、木油桐，它们在岭南城市中不如木棉那样常见，但行走于冬季山林，还是很难忽略茂密林冠层上的那几株光秃秃的树冠。

除了这些高大的乔木，充满热带风情的鸡蛋花也掉光了整齐的叶子，没了夏日的可口色彩。粗壮的枝条上带着一圈圈的环状纹路，远看还有几分神似巨大的生姜。不同于开花时节的娇俏，“脱光”了枝叶的鸡蛋花没有盘根错节的小枝，每根树枝都粗壮挺拔，竟颇有一丝雄浑的力量感。

在密不透风的常绿树之中，这些落叶树带给人们的不是突兀，不是萧瑟，而是卸下繁华的枝条后所展现的苍劲之美，是冬日暖阳从树枝间洒下的温暖与欣喜。

落叶的鸡蛋花

◎ 不同桃李混芳尘

谈起冬季开花的植物，人们最常称道的自然是“凌寒独自开”的梅花。在斑驳的雪地背景中，独自傲立于枝头的点点玫红，是人们脑海中的梅花形象，梅花也因此成为了不俗风骨的代言人。梅原产自我国南方，在我国已经有了超过三千年的栽培史，秦岭—淮河以南的大部分地区都有梅的天然分布。岭南虽没有冰雪覆盖的山林，但傲骨寒梅同样能在岭南山林中被寻到，广东很多城市和乡村也有栽植梅花的习惯。虽少了些许文学意义，但一月盛放的梅花依然是岭南冬季的一抹亮色。

岭南的梅林景色

岭南的江梅

“冰雪林中著此身，不同桃李混芳尘”表达的正是对梅花傲然正气的赞叹。而在岭南一月的山林中，“不同桃李混芳尘”的植物可不只梅花。在樟木头林场中有一片万亩红花油茶林，在每年的十二月到次年二月，灿烂的红色花朵使这片油茶林成为了冬季最热烈的存在。红花油茶，学名南山茶，与众多观赏山茶品种拥有重重叠叠的花瓣不同，红花油茶的花瓣多为单层至两层，少了几分精致繁复，多了几分清丽出尘。除了美丽的花朵，红花油茶的树姿也颇为优美。它是能长到5～10米高的小乔木，花朵靠着这一出众的“身高”在众多低矮灌木的观赏山茶中跃然而出，化作山林中一道挺拔秀丽的风景。作为广东地区的乡土植物，红花油茶除了具有较高的观赏价值，还能作为食用油料作物。在樟木头林场红花油茶自然教育示范基地，可以学习到红花油茶的植物知识、茶油的功用和传统，还有机会亲自体验油茶采摘和茶油制作。

红花油茶的花特写

红花油茶植株

蜜蜂正在吸食红花油茶的花蜜

大头茶的花

各种颜色的灌木重瓣山茶

红花油茶是樟木头林场的特色，其实红花油茶所属的山茶类植物很多是在冬季开花的，粉色、红色、白色……这些色彩缤纷、重重叠叠的山茶花构成了岭南冬季独特的花团锦簇之美。其中，大头茶又是除红花油茶外另一种重要的本土观花植物。大头茶在广东、广西的一些亚热带森林中是原生的优势树种之一，可以长到10多米高，在每年寒冬来临之际，开出硕大而芳香的白色花朵，清冷却坚定。大头茶花通常有5片花瓣，舒展地围绕在中心簇状的黄色花蕊周围，整个花朵有成人手掌般大小。饱满的花朵给寂寥的冬天带来了些许欣慰，芳香的花蜜也给面临食物短缺的蜜蜂提供了重要的补给。

岭南人民钟爱的叶子花经过多年的精心培育，现在不同品种交替，已经可以实现全年开花，甚至隆冬季节依然有它盛放的身影。叶子花在城市中经常被用在低矮的灌木绿篱，但其实山林中野生的叶子花可以长到接近乔木的大小，常常可以攀缘而上挂满十几米高的大树。每逢盛花时期，一大片紫红色花海爆发出的热烈生机让人感动。实际上紫红色的部分并不是叶子花真实花朵的组成部分，而是花朵外围的苞片，近距离观察就会发现，真正的花是黄白色的，个头很小，3朵小花聚生在3片紫红色苞片的保护下。

叶子花的花和苞片

冬季大片盛开的叶子花

◎ 新旧之交，蓄势待发

一月的岭南山林依然是绿色的天下，但在这热烈的外表下，却不复春夏之季的繁华——岭南的冬天很多动物也如在北方一样开始了蛰伏。

很多昆虫会在冬季休眠，有些是感知到了气温变低，有些是感知到了光照时间的缩短，也有些是因为基因决定的内在节律而带来的定时休眠。蝴蝶和蛾类主要在温暖的春夏季繁殖产卵，那时的幼虫和蛹可以快速成长、羽化，而深秋天气转凉以后虽然也有一些蝴蝶和蛾类会产卵，但在冬天来临之前，它们会用蛹把自己保护起来，并以蛹的形式度过寒冬。比如，柑橘凤蝶在九至十月的蛹就是越冬蛹了，与春夏季的蛹9～15天就可以化蝶不同，越冬蛹会蛰伏到第二年三四月再羽化成蝶。所以，在一月的岭南山林中虽然很难见到热闹的昆虫大军，但仔细寻觅，还是有机会在枝条和叶背等隐蔽的地方发现昆虫的越冬蛹——它们没有死，只是在静静地等待焕发新生的时机，请不要打断它们生命的进程。

柑橘凤蝶

柑橘凤蝶的幼虫

柑橘凤蝶干枯的蛹

由于气候温暖，岭南地区的动物基本不会进行长达数月的冬眠，一些两栖类与爬行类动物会在一年最寒冷的时期（一般就是一月）短暂冬眠。岭南山溪中可见的国家二级保护野生动物三线闭壳龟会在冬季气温10～15摄氏度时冬眠。它们会在溪流边寻找有草木、石头遮蔽的安全地点，把身体全部缩进壳里开始休眠。

与冬眠不同，也有些溪流中的两栖动物会反其道而行之：在冬天最冷的时节里不但不冬眠，还会在此时完成人生中最重要的繁殖任务——香港瘰螈是国家二级保护野生动物，与娃娃鱼一样属于有尾目两栖动物，拖着一条长长的尾巴在水中游曳，在岭南地区清澈的溪流中偶尔有机会目睹它们的芳容。香港瘰螈在每年十一月至次年二月产卵。虽没有优渥的气候条件，却也避开了天敌的侵扰。

一月虽是公历的新年伊始，但在我们中国人的传统中，却是代表着结束的“年底”。在这个新旧之交的月份，冷凉的温度、干燥的空气和飘落的枝叶，仿佛都天然写满了萧条。但无论是悄然孕育生命的香港瘰螈、伺机冲出蛹壳的柑橘凤蝶，还是盘点收成、蓄势待发的努力的人们，都在传递着生命的希望与坚韧。

香港瘰螈